FORSCHUNGSBERICHTE
DES WIRTSCHAFTS- UND VERKEHRSMINISTERIUMS
NORDRHEIN-WESTFALEN

Herausgegeben von Ministerialdirektor Dipl.-Ing. L. Brandt

Nr. 5

Dipl.-Ing. W. Fister
Institut für Turbomaschinen der Rhein.-Westf. Techn. Hochschule, Aachen

Prüfstand der Turbinenuntersuchungen

Als Manuskript gedruckt

Springer Fachmedien Wiesbaden GmbH

1952

ISBN 978-3-663-04037-8   ISBN 978-3-663-05483-2 (eBook)
DOI 10.1007/978-3-663-05483-2

Forschungsberichte des Wirtschafts- und Verkehrsministeriums Nordrhein-Westfalen

Gliederung

Prüfstand der Turbinenuntersuchungen

Zweck und Auslegung des Prüfstandes .... S. 5
Beschreibung des Drucklufterzeugers .... S. 5
    a) Turbine .... S. 5
    b) Verdichter .... S. 5
    c) Sicherheitsvorrichtung .... S. 14
Beschreibung des Luftturbinenprüfstandes .... S. 16
    a) Bei Absaugebetrieb .... S. 16
    b) Bei Druckbetrieb .... S. 20
Beschreibung der Wasserbremse .... S. 20
Ausblick auf die zunächst geplanten Untersuchungen an diesem Prüfstand .... S. 23
Kritische Betrachtung der Anlage .... S. 24
Anlagen :
    a) 4 Diagramme .... S. 27
    b) 3 Schaltbilder mit Erläuterungen ... S. 31

1.) Zweck und Auslegung des Prüfstandes

Um Grundlagenversuche über Strömungsverhältnisse und Wirkungsgrade an umlaufenden Turbinenschaufeln durchführen zu können, wurde es nötig, einen für diesen Zweck geeigneten Prüfstand aufzubauen. Als Arbeitsmedium für diese Versuchsturbine ist Kaltluft besonders geeignet (vgl. Ackeret, Keller, Salzmann: "Die Verwendung von Luft als Untersuchungsmittel für Probleme des Dampfturbinenbaues." Schweizerische Bauzeitung vom 8.12.1934). Gas oder Dampf hoher Temperatur ist für die Messungen ungeeignet, bzw. lässt manche Messungen mit Messgeräten, die keine hohen Temperaturen vertragen können (Richtungssonden, Prandtlrohre usw.) nicht zu. Dampf geringer Temperatur, also grosser Feuchte, fälscht durch kondensierende Wassertröpfchen die Messungen.

Als Drucklufterzeuger, der die für Turbomaschinen charakteristischen grossen Luftmengen liefern kann, kommt ebenfalls ein Turboverdichter in Frage. Dabei würde ein elektrisch angetriebener Drucklufterzeuger ein Zahnradgetriebe erfordern, um die Drehzahl des niedertourigen Elektromotors auf die von einem kleinen Turboverdichter verlangte hohe Drehzahl zu transformieren. Auf Grund der langen Lieferfristen für Elektromotore und Getriebe in dieser Leistungsgrösse wurde ein teils vorhandener, auf Dampfantrieb umgebauter Turbinenverdichter gewählt. Die benötigten Dampfmengen können vom Heizkraftwerk der Hochschule zur Verfügung gestellt werden.

2.) Beschreibung des Drucklufterzeugers

a) Turbine und b) Verdichter

An Hand der folgenden Bilder soll ein kurzer Überblick über den Aufbau und Einzelteile des Turbinen-Verdichters gegeben werden. Der in Abb. 1 dargestellte Längsschnitt dieses Aggregates zeigt Turbinen- und Laderrad fliegend angeordnet auf einer zweifach gelagerten Welle mit einem Abtrieb für die Ölpumpe. Für die Untersuchungen an verschiedenen Schaufelsätzen wurde vor allem eine gute Möglichkeit zum schnellen Auswechseln der Beschaufelung benötigt. Wie aus dem Bild hervorgeht, ist das Turbinenrad für diese Aufgabe besonders geeignet, da es aus zwei Scheiben zusammengeschraubt ist, die die Sägezahnfüsse der Schaufeln zwischen sich einklemmen.

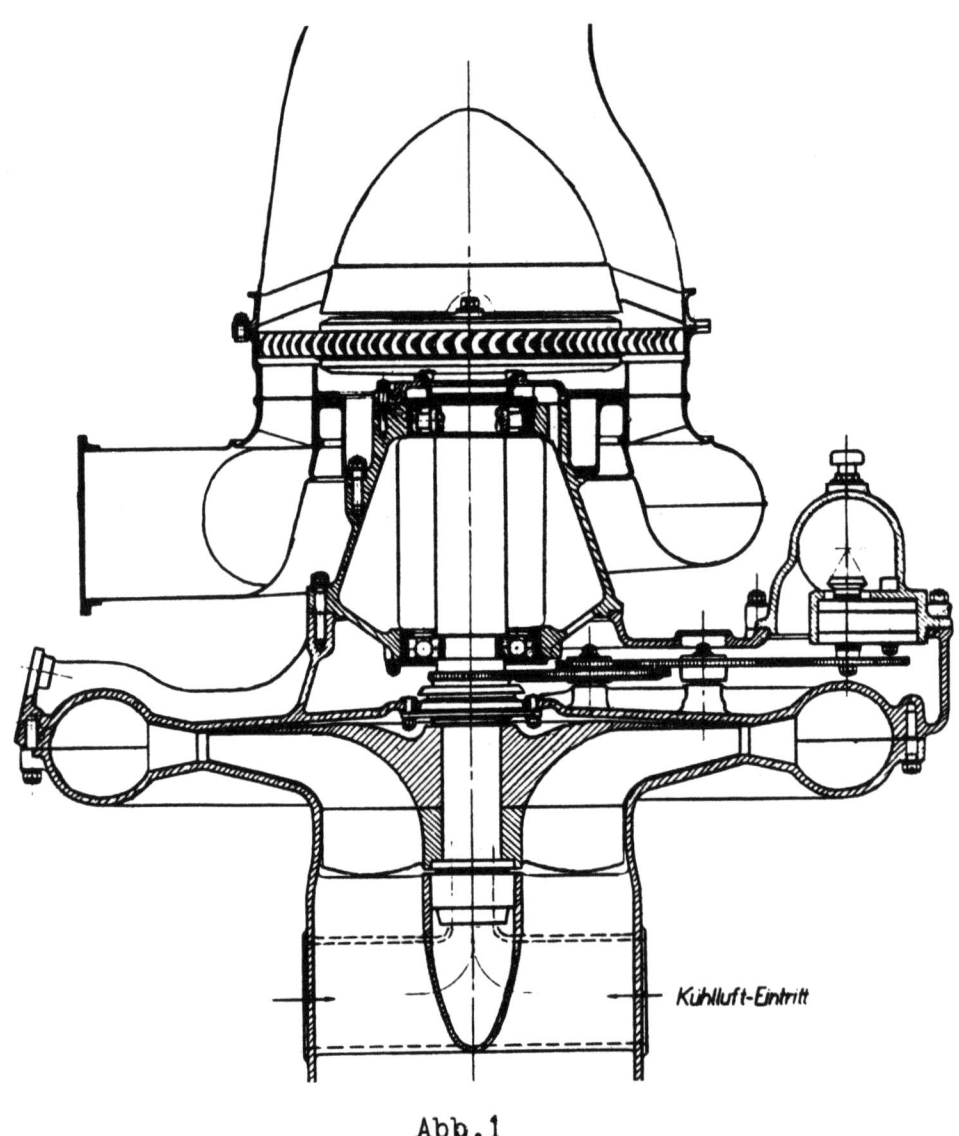

Abb.1

Abb. 2 zeigt Schaufeln der Turbine mit Sägezahnfuss:

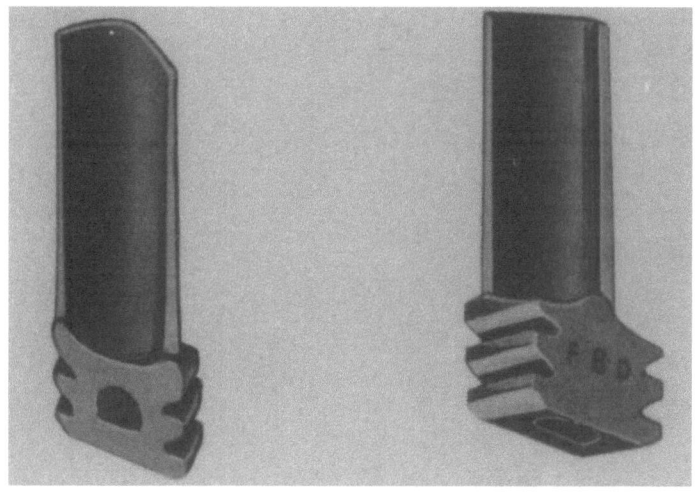

Abb. 2

Abb. 3 zeigt das Gesamtaggregat

Abb. 3

Abb. 4 das Turbinengehäuse mit Düsenring

Abb. 5 das Verdichtergehäuse

Abb. 4

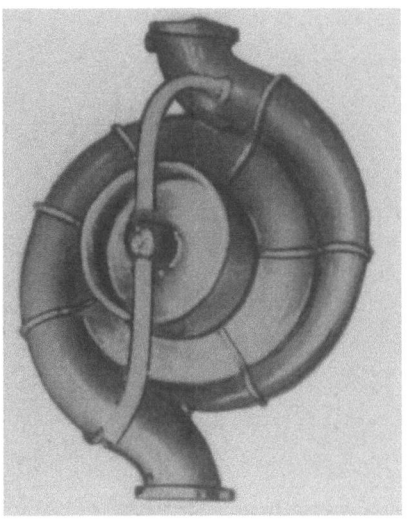

Abb. 5

Abb. 6 den Turbinenläufer und das Verdichterrad mit Vorsatzläufer, beide fliegend auf Kugellagern gelagert

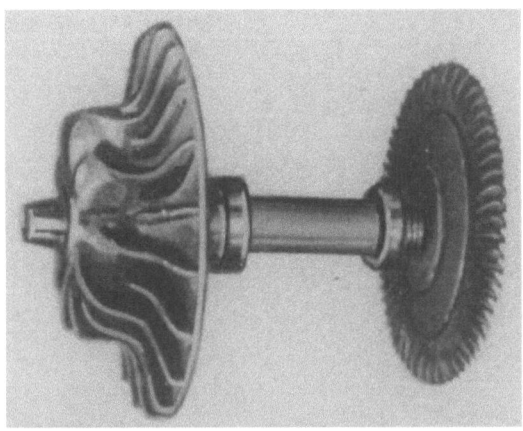

Abb. 6

Forschungsberichte des Wirtschafts- und Verkehrsministeriums Nordrhein-Westfalen

Da das Turbinengehäuse aus geschweisstem 1,5 mm starkem, warmfestem Stahl besteht und eine komplizierte Form hat, war es notwendig, durch Abdrücken mit Wasser zunächst die Festigkeit zu prüfen. Das Gehäuse wurde mit 11 ata Wasserdruck abgedrückt, es zeigten sich dabei keine Undichtheiten, nur der Zunder an den Schweissnähten hatte sich gelöst, ein Zeichen dafür, dass Formänderungen stattgefunden hatten. Da die Turbine jedoch höchstens mit einem Frischdampfdruck von 6 - 7 ata betrieben wird, dürfte keine Gefahr des Bruches für das Gehäuse bestehen.

Es wurde der Dampfverbrauch und die benötigte Leistung für dieses Aggregat aus vorhandenen, jedoch nicht sehr sicheren Unterlagen errechnet. Aus beiliegenden Diagrammen geht der Leistungsbedarf des Laders (siehe Diagramm 1), sowie der Dampfverbrauch der Turbine (siehe Diagramm 2) hervor. Bei der Aufstellung des Dampfverbrauchs-Schaubildes ist mit einem Durchflussbeiwert für die Düsen von "1" gerechnet worden. Zunächst wurde mit Vollbeaufschlagung der Turbine gearbeitet. Dabei überschritt die Durchsatzmenge bei verhältnismässig kleinem Wärmegefälle teilweise die angegebene Nennleistung des Kessels. Um ein grösseres Wärmegefälle bei kleineren Durchsatzmengen zu erhalten, wurde ein Teil der Düsen abgedeckt. Durch Veränderung des Abdeckbogens ergab sich schliesslich ein Optimum zwischen dem Wärmegefälle und der Dampfmenge.

Wie aus den Bildern des Prüfstandes zu ersehen ist, wird der Dampf durch einen der beiden Gehäuseeintrittsflansche zugeführt, während der zweite blindgeflanscht ist. Bei Entfernung des Blindflansches kann die Düsenabdeckung geändert werden. Der Abdampf wird in die Heizleitung der Hochschule geschickt. Bei hohem Dampfverbrauch wird der Abdampf allerdings nicht völlig in der Heizung kondensiert, als Folge davon steigt der Gegendruck hinter der Turbine an. Es wird dann nötig, Dampf ins Freie abzublasen, um den Gegendruck zu senken. Erstens sinkt bei zu hohem Gegendruck das zu verarbeitende Wärmegefälle in der Turbine, zweitens können aber vor allen Dingen die Dichtungen, die als eine Art Kolbenringdichtung ausgeführt sind, gegen den hohen Gegendruck nicht genügend abschliessen. Ein Dampfschwadenrohr führt den Dampf, der durch die Dichtungen hindurchgedrungen ist, aus dem Gehäuse heraus.

Abb. 7 zeigt den Dampfturboverdichter mit Frischdampfrohr, Luftleitung und Abdampfführung.

Abb. 7

Bei den ersten Versuchsfahrten stellte sich heraus, dass der Ölbehälter von ca. 35 l Inhalt nicht zur Kühlung des Öls ausreiche, es wurde deshalb ein kleiner, mit Wasser beschickter Ölkühler in den Kreislauf eingeschaltet.

Ölkühler

Abb. 8
Ansaugseite des Dampfturboverdichters

Mit der Ölkühlung ist es möglich, die Ölaustrittstemperatur bei allen Drehzahlen zwischen 70 und 80° C zu halten.

Das Aggregat hat jetzt etwa 16 Stunden reine Betriebszeit. Die maximal erreichte Drehzahl beträgt 19 000 U/min. Nach mehreren Probeläufen wurde ein Verdichterkennfeld aufgenommen (siehe Diagramm 3). Die verdichtete Luft wird beiderseits des Gebläses durch zwei Rohre abgenommen, die in ein gemeinsames Rohr münden. Hierin wird hinter dem Kompressor Druck und Temperatur gemessen. Am Ende des Rohres ist ein Schieber angebracht, der durch verschiedene Drosselstellungen die Aufnahme der Drosselkurven im Verdichterkennfeld ermöglicht. Vor der Drossel ist eine Meßblende zur Luftmengenmessung eingebaut (siehe Schaltung I). Die Grössenverhältnisse und die Luftführung sind aus nachfolgender Abb. 9 ersichtlich :

Um günstigere Zuströmverhältnisse gegenüber dem normalen Zulauf zu schaffen, wurde ein Einlauftrichter wie aus

Abb. 1o und 11 ersichtlich, aus einem aufgeschnittenen 180°-Rohrkrümmer vorgebaut. In diesen beiden Bildern sind die Schaufeln des Verdicterradvorsatzläufer ersichtlich. Um Wärmedehnungen der Rohrleitungen nicht auf die Turbine einwirken zu lassen, andererseits Schwingungen des Aggregates nicht auf die Rohrleitung zu übertragen, wurden als Verbindungsstücke zwischen Aggregat und Rohrleitungen Gummimanschetten eingebaut.

Abb. 9
Luftführung hinter dem Kompressor

Bleibt der Gegendruck in der Heizungsleitung konstant, so ist mittels des durch Handrad betätigten Frischdampfventiles die Drehzahl des Aggregates gut zu regeln und konstant zu halten. Abb. 12 zeigt einen Blick auf den Fahrstand des Dampfaggregates. An diesem Stand sind abzulesen : Die Drücke vor und hinter der Turbine, die Drehzahl, der Druck im Ansaugstutzen vor dem Kompressor, die Drücke in den beiden Leitungen nach dem Verdichter und die Temperaturen vor und hinter der Turbine. Ausserdem werden an den einzelnen Meßstellen des Prüfstandes, wie aus den beigelegten Schaltbildern I - III hervorgeht, die übrigen benötigten Meßwerte abgelesen.

Abb. 1o

Verdichtereinlauf

Abb. 11

Verdichtereinlauf mit aufgesetztem Einlauftrichter

Abb. 12

Fahrstand des Dampf-Turboverdichters

c) Sicherheitsvorrichtung

In der Mitte zwischen den beiden Manometern am Fahrstand ist ein Schnellschlussbetätigungsknopf angebracht. Durch diesen Knopf wird ein Schnellschluss elektrisch ausgelöst. Um bei Havarien, Lagerfressern, Gehäuserissen und Platzen des Verdichter-bzw. Turbinenrades den Heissdampf sofort absperren zu können, wurde aus einer handelsüblichen Rückschlagklappe ein elektrisch betätigter Schnellschluss entwickelt und in die Hauptdampfleitung eingebaut.

Aus nebenstehender Abbildung 13 geht der prinzipielle Aufbau und die Wirkungsweise der Rückschlagklappe hervor. Die Klappe will sich durch das am Hebelarm angreifende Gewicht schließen. Dieses Schließen wird durch einen Haken mit Klinke verhindert.

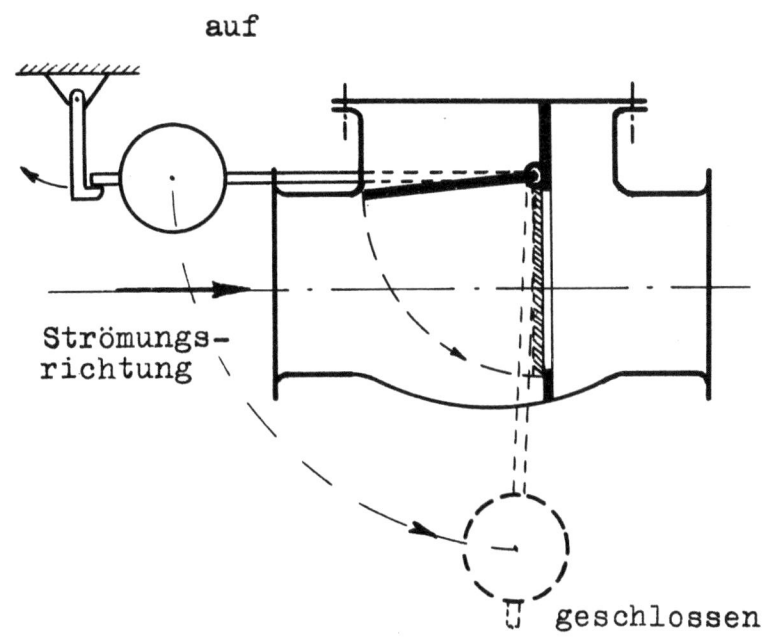

Abb. 13

Den in die Heissdampfleitung eingebauten Schnellschluss zeigt Abb. 14:

Bei Einschalten des im Bilde ersichtlichen Elektromagneten wird die Klinke ausgerastet, und die eigentliche Rückschlagklappe wird durch das vom Gewicht ausgeübte Drehmoment in den Dampfstrom geschwenkt und die Hauptdampfleitung damit abgeschlossen. Eine Glimmlampe zeigt während des Betriebes an, dass elektrische Spannung zur evtl. Betätigung des Magneten vorhanden ist. Es sind mehrere Betätigungsknöpfe für den Schnellschluss vorgesehen worden, um bei Gefahr auch von anderer Stelle diese Sicherheitsvorrichtung auslösen zu können.

Abb. 14

3.) Beschreibung des Luftturbinenprüfstandes

Das bisher beschriebene Aggregat dient also lediglich dazu, eine genügende Luftmenge mit geeignetem Druck zu liefern. Die eigentlichen Untersuchungen sollen am Luftturbinenprüfstand vorgenommen werden.

a) Bei Absaugebetrieb

Der Luftturbinenprüfstand ist zunächst für Absaugebetrieb vorgesehen, d.h. das Gebläse des Dampfaggregates saugt hinter der Turbine die Luft ab, während der Druck vor der Turbine konstant auf Atmosphärendruck bleibt. (Abb. 15)

Abb. 16 und 17 zeigen den gesamten Prüfstand mit Dampfturboverdichter, Prüfturbine und angeschlossener Wasserbremse bei Saugbetrieb.

Abb. 15
Luftturbine mit Absaugrohr

Forschungsberichte des Wirtschafts- und Verkehrsministeriums Nordrhein-Westfalen

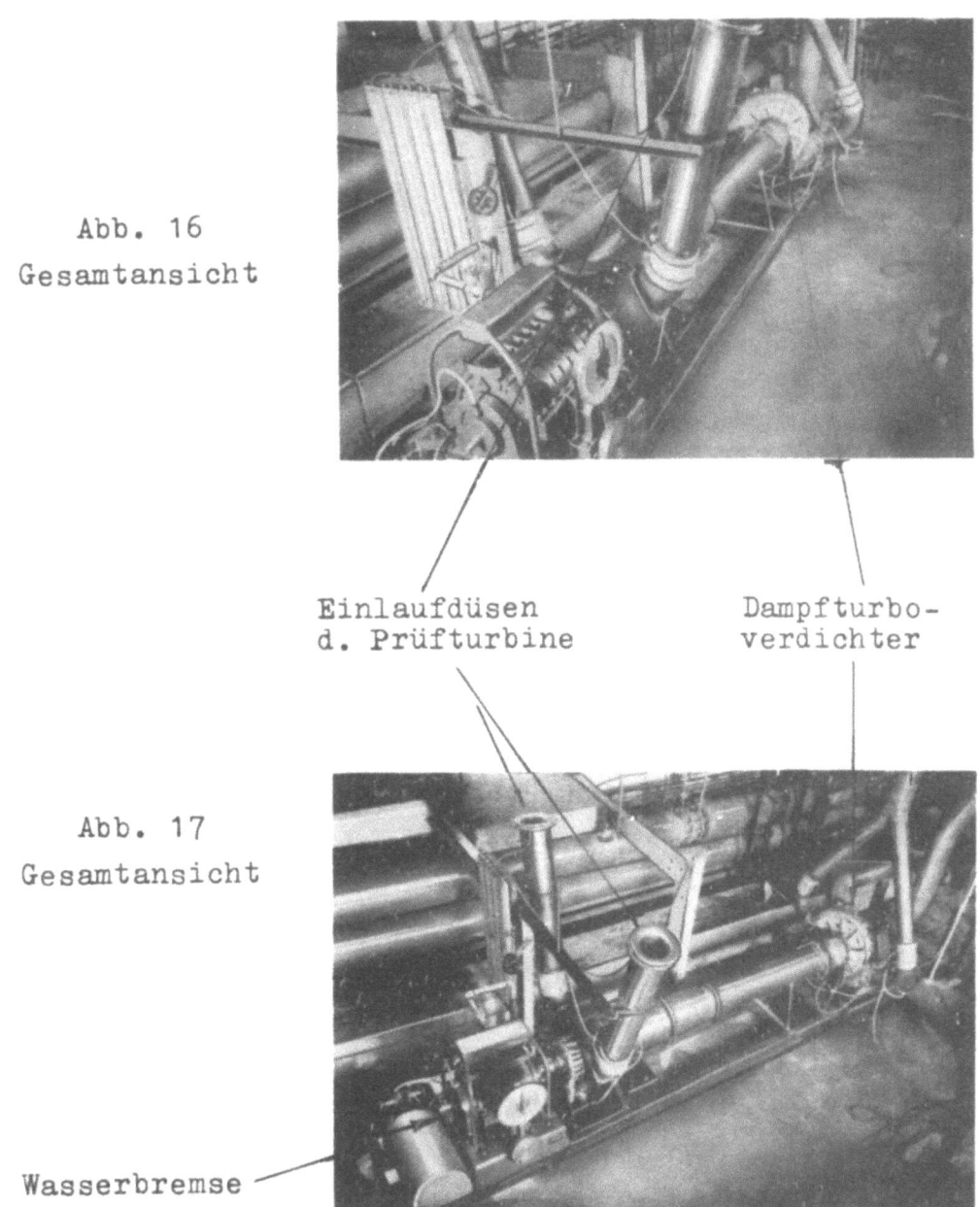

Abb. 16 Gesamtansicht

Abb. 17 Gesamtansicht

Einlaufdüsen d. Prüfturbine

Dampfturboverdichter

Wasserbremse

Zur Luftmengenmessung wird eine Einlaufmessung durch die beiden Düsen, wie sie in Abb. 18 erkennbar sind, durchgeführt.

Abb. 18
Blick auf das Rad der einstufigen Versuchsturbine mit aufgesetzten Einlaufdüsen

Die Luft strömt durch die Leitschaufeln und beaufschlagt die Laufschaufeln der einstufigen Turbine. Abb. 19 zeigt das Turbinengehäuse ohne Leitschaufelkranz, es sind lediglich die Stege zur Verbindung zwischen Lager und Gehäuse vorhanden.

Abb. 19

Abb. 2o zeigt den eingesetzten Düsenkranz,

Abb. 2o

Abb. 21 die Turbine mit eingesetztem Laufrad

Abb. 21

Hinter der Turbine ist eine zylindrische Meßstrecke mit Verdrängungskörper angeordnet. Dieser Teil der Luftführung ist zur besseren Übersicht bei Messungen, zur evtl. Sichtbarmachung der Strömung usw. aus Plexiglas hergestellt worden. (Siehe Schaltung II)

b) Bei Druckbetrieb

Ausser dem Absaugebetrieb soll aber auch eine Beschickung der Versuchsturbine mit Druckluft durchführbar sein. Der Prüfstand ist daher so ausgelegt, dass diese Umstellung schnell vor sich gehen kann. Anstelle der jetzigen Ansaugstutzen werden in die Gummimanschetten an der Prüfturbine Krümmer eingesetzt, die über 2 Leitungen mit den Gebläseaustrittsöffnungen verbunden sind. Die Abluft wird bei Druckbetrieb nach Durchströmen der Meßstrecke in einen Krümmer geführt, der die Luft in ein vertikales Rohr umlenkt, das nach ca. 9 m Länge das Dach des Maschinenlaboratoriums durchstösst. Zur Luftmengenmessung bei Druckbetrieb ist eine Ausflussmessung am Ende dieses 9 m langen Rohres vorgesehen. Im Gegensatz zum Absaugebetrieb, bei dem der Druck vor der Turbine konstant ist, wird beim Druckbetrieb der Gegendruck hinter der Turbine konstant gehalten. (Siehe auch Schaltung III)

4.) Beschreibung der Wasserbremse

Der Wellenstumpf der Versuchsturbine wird mit einer Kleinsorge-Wasserbremse, die max. für 30 000 U/min und 1200 PS ausgelegt ist, gekuppelt. Mit dieser Bremse lässt sich die Belastung der Turbine stufenlos einstellen. Die Bremse arbeitet nach dem Junkers-Mitteldrucksystem.

Abb. 22
Wasserbremse mit Kupplung

Durch den oberhalb des pendelnd gelagerten Bremsgehäuses angebrachten Düsenkasten wird das Wasser den 6 Bremskammern zugeführt. Eine Skala gestattet das Ablesen des Drehmomentes. Abb. 23 zeigt die Versuchsturbine mit der Wasserbremse vor dem Zusammenkuppeln. Die mit der Prüfturbine gekuppelte Wasserbremse ist in den Abbildungen 24 - 26 ersichtlich. Das über dem Wasserkasten der Bremse angebrachte Ventil dient zur Lastregulierung der Bremse.

Abb. 23

Abb. 24

Abb. 25

Abb. 26

Die Kupplung ist zunächst starr ausgeführt worden. Das Ausrichten der beiden zu kuppelnden Aggregate musste sehr sorgfältig erfolgen. Die an die Montage anschliessenden Probeläufe haben bezüglich dieser Kupplung zunächst keine Schwierigkeiten ergeben. Zur Ölversorgung der Gleitlager dieser Wasserbremse wurde eine Ölpumpenanlage zusammengebaut, wie sie in Abb. 24 - 26 ersichtlich ist. Der Öldruck und die Ölmenge lassen sich für jedes Lager besonders einstellen. Ein entsprechend dimensionierter Ölbehälter übernimmt die Ölrückkühlung. In dem beigelegten Diagramm 4 ist die Leistungsaufnahmefähigkeit dieser Bremse in Abhängigkeit von der Drehzahl und der Füllung der Bremse zu ersehen. Die Meßschemen der Gesamtanlage bei Saug- und Druckbetrieb sind in Schaltung II und III zu ersehen.

5.) Ausblick auf die mit dem gebauten Prüfstand möglichen Untersuchungen

Den Forschungsarbeiten ist als Ziel die Verbesserung der Wirtschaftlichkeit von Turbinen für gasförmige Medien gesetzt. Es sollen ausserdem Untersuchungen über Laufschaufelprofile für verschiedene Betriebsverhältnisse durchgeführt werden.

1. Untersuchungen von verschiedenen Laufschaufelprofilen bezüglich des Wirkungsgrades, abhängig von der Schnelllaufzahl usw.. Rückschlüsse auf die Stossverluste bei Brust- und Rückenanströmung, Beitrag zur Analyse der Schaufelverluste.

2. Untersuchungen über Freilaufdrehzahlen einstufiger Turbinen.

3. Untersuchungen über Druckverteilungen an umlaufenden Turbinenschaufeln, Vergleich mit theoretischen Ermittlungen, Versuch einer Vorausrechnung der Momente, Leistungen usw. auf Grund der Tragflügeltheorie.

4. Aufstellung von Turbinenkennfeldern nach Messungen.

5. Untersuchungen über das Zusammenarbeiten von Verdichter und Turbine nach Messung und Rechnung (gemeinsame Kennfelder).

   zu 1. Bei diesen Untersuchungen werden zwischen die in Abb. 1 beschriebenen Turbinenradscheiben nach bestimmten Gesichtspunkten abgeänderte Profile eingesetzt und der Einfluss der Profilform auf den Wirkungsgrad bei verschiedenen u/c-Werten geprüft.

   zu 2. Es besteht die Notwendigkeit, die Freilaufdrehzahl einer Turbine, d.h. die Drehzahl, bei der die Turbine kein Drehmoment mehr erzeugt, bei verschiedenen Wärmegefällen zu messen und aus diesen Messungen einen theoretischen Ansatz für die rechnerische Ermittlung der Freilaufdrehzahl zu finden. Dieser Wert ist für die Festigkeitsrechnung von Turbinenscheiben wichtig, er gibt

darüber Aufschluss, inwieweit beim Durchgehen
der Turbine mit dem Bruch des Rotors gerechnet
werden muss.

zu 3. Ergeben die Untersuchungen von 1. summarisch ein
Ergebnis über die Eigenschaften des Schaufelsatzes,
so soll diese Druckverteilungsmessung einen Einblick in den Strömungsmechanismus um die einzelne
Schaufel gewähren und zu einem systematischen Heranzüchten von geeigneten Profilen führen.

zu 4. Bei Verdichtern hat sich ein Diagramm zur Kennzeichnung der Betriebseigenschaften in Form des Verdichterkennfeldes (siehe Diagramm 3) allgemein eingeführt. Bei den Turbinen hat sich eine allgemein anerkannte Darstellung noch nicht gefunden. Bei Turbinen in Kraftwerken wird das Betriebsverhalten als
Funktion von Drehzahl, Wärmegefälle, Anfangstemperatur und Durchsatzmenge nicht benötigt. Die Gasturbine jedoch fordert häufiger ein Turbinenkennfeld, das ihr gesamtes Betriebsverhalten übersichtlich und zweckmässig wiedergibt.

zu 5. Auf die Forderung der Gasturbine abgestimmt ist auch
die weitere Untersuchung über die Zusammenarbeit
von Verdichter und Turbine. Es soll versucht werden, das Betriebsverhalten eines Aggregates durch
Überlagerung von aufgenommenen Verdichter- und Turbinenkennfeldern zu bestimmen und durch Messungen
nachzuprüfen.

Die Versuche werden in ihrem Verlaufe zeigen, ob zur Klärung der zu untersuchenden Probleme noch weitere spezielle Messungen und Untersuchungsmethoden erforderlich bzw. möglich werden.

6.) Kritische Betrachtung der Anlage

Der Wert dieses Druckluftaggregates wird durch die Tatsache der Abhängigkeit vom Heizkraftwerk herabgemindert. Bei
hohen Drehzahlen wird von diesem Aggregat der gesamte erzeugte
Dampf des Heizkraftwerkes beansprucht. Im Winter ist während
des Betriebes, wenn die Stromversorgung der Hochschule bzw.
die Lastspitzen des Aachener Stadtnetzes von dem Curtis-Turbinen-Generator-Aggregat gedeckt werden müssen, ein Abschalten der Turbine nicht möglich. Andererseits reicht zum gleichzeitigen Betrieb beider Aggregate wie oben schon angeführt,

die max. erzeugbare Dampfmenge des Heizkraftwerkes nicht aus. Bei gleichzeitigem Betrieb ist der Dampf-Turboverdichter etwa bis zu einer Drehzahl von 5 000 U/min zu fahren, dabei sind die erreichbaren Druckverhältnisse und geförderten Luftmengen nicht ausreichend. Im Sommer ist der Kessel des Heizkraftwerkes für die Versuche besonders anzuheizen, es besteht ausserdem keine Möglichkeit, den Dampf in der Hochschulheizung zur Kondensation zu bringen, da alle Heizkörper geschlossen sind bzw. werden. Der Dampf muss also im Sommer nach Verlassen der Turbine ins Freie abgeblasen werden, während das im Winter nur teilweise notwendig ist, wenn die durchgesetzten Dampfmengen zu gross und damit der Gegendruck hinter der Turbine zu hoch wird. Bei Abblasen des Abdampfes geht das sonst als Kondensat anfallende Kesselspeisewasser verloren, es muss daher laufend neues Kesselspeisewasser aufbereitet werden.

Werden durch die Verbraucher verschieden grosse Dampfmengen der Heizleitung entnommen, so schwankt der Gegendruck hinter der Turbine und eine Konstanthaltung der Drehzahl ist sehr schwierig.

Es ist weiter darauf hinzuweisen, dass es sich bei dem genannten Dampf-Turboverdichter-Aggregat um ein Gerät handelt, das im Leichtbau, vor allen Dingen aber im Hinblick auf beschränkte Lebensdauer entworfen und gebaut worden ist.

Das vom jetzigen Kompressor geschaffte Druckverhältnis von max. 1:2,3 bei ca. 17 000 U/min ist nicht besonders hoch, wünschenswert wäre ein Druckverhältnis von 1 : 4 bis 1 : 5. Ebenso liegen die geforderten Luftdurchsätze gerade an der Grenze der für die Prüfturbine notwendigen Mengen.

Aus diesen Tatsachen ergibt sich der Schluss, dass das Dampf-Aggregat nur als eine Übergangslösung betrachtet werden kann, die von einer elektrisch angetriebenen, für den Dauerbetrieb geeigneten Druckluftanlage, welche ein entsprechendes Druckverhältnis bei dem notwendigen Luftdurchsatz liefert, abgelöst werden muss. Ein solches Aggregat kann vorläufig jedoch wegen der damit verbundenen hohen Kosten nicht aufgestellt werden.

Diagramm 1

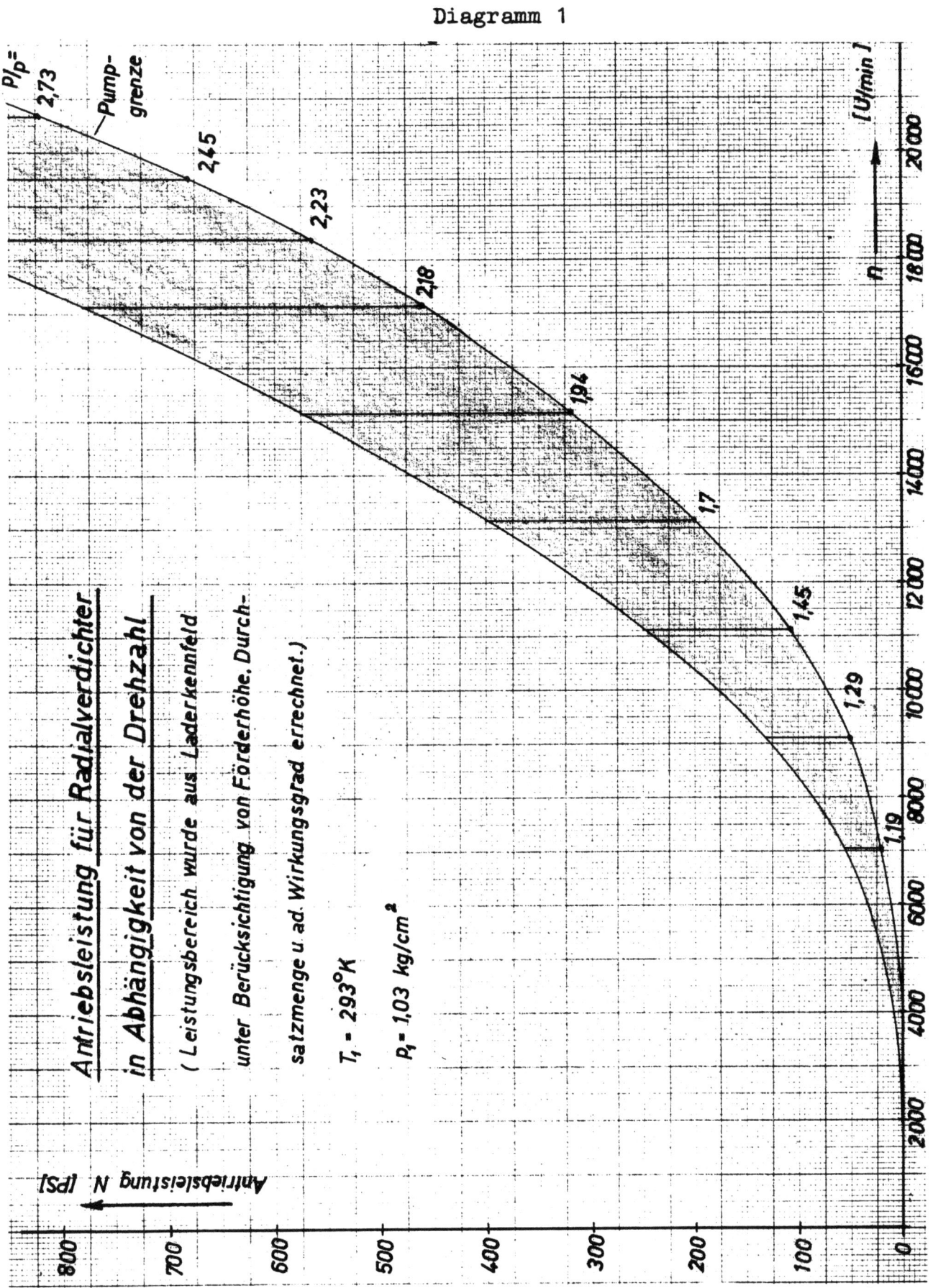

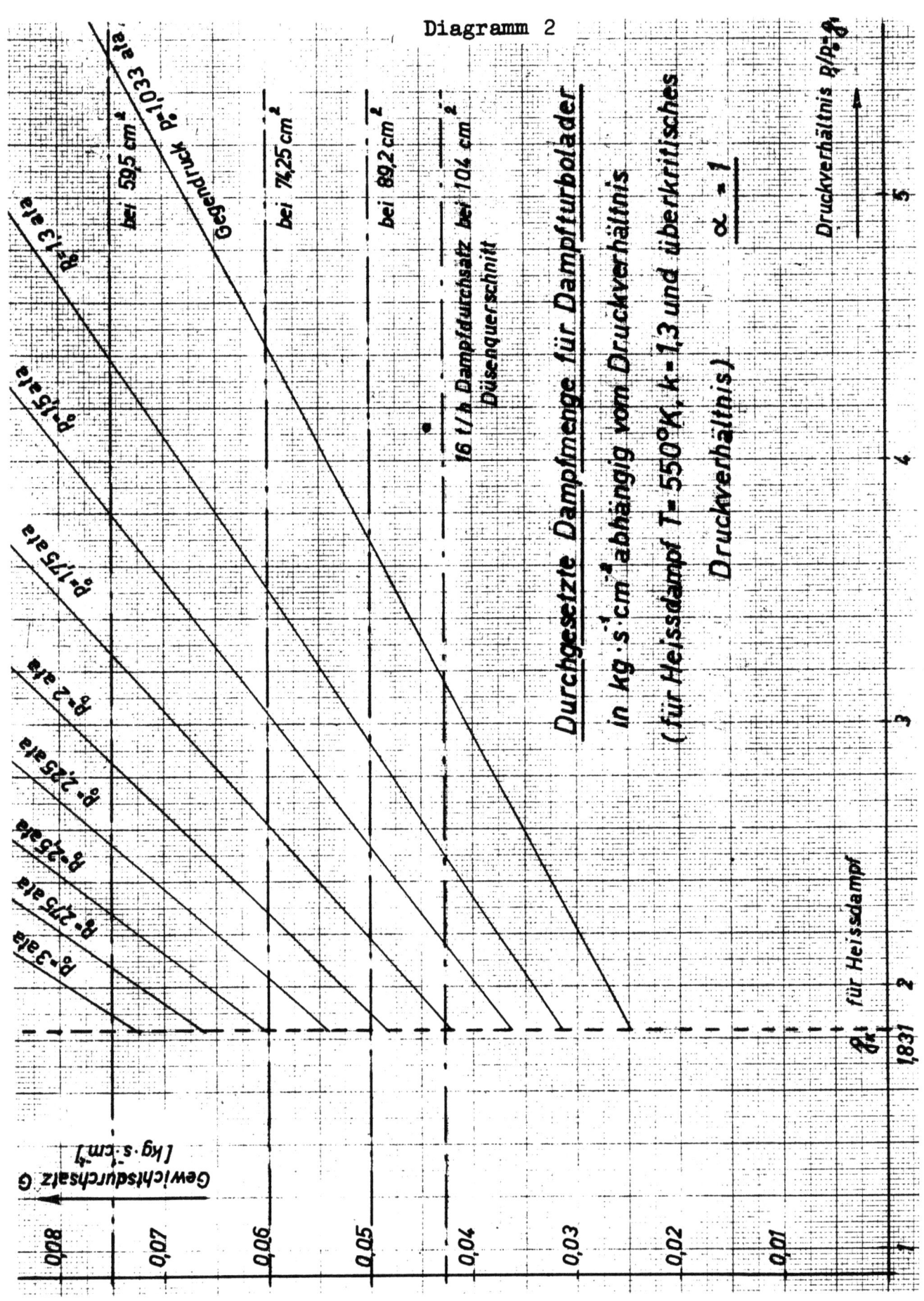

Diagramm 2

Diagramm 3

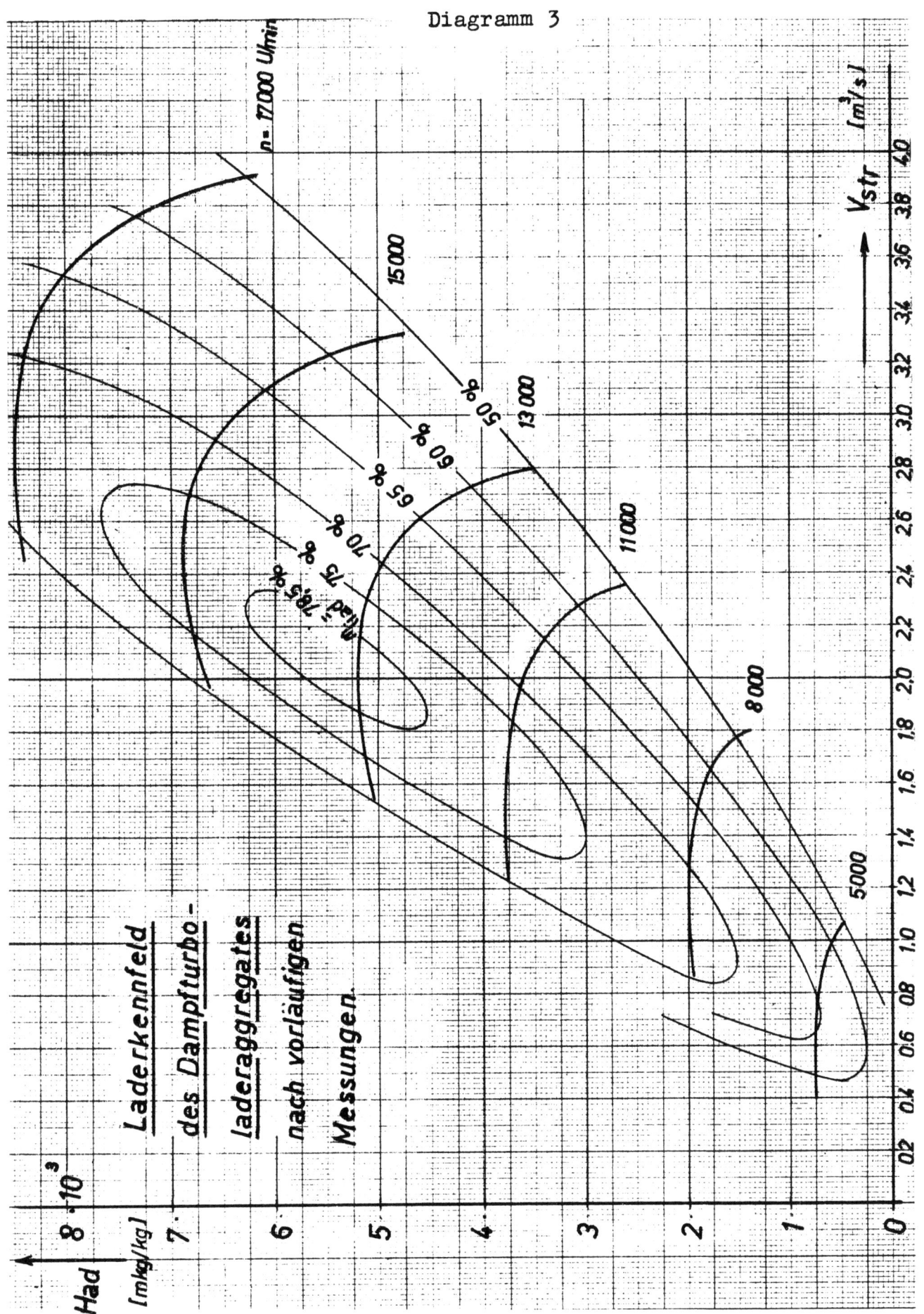

Diagramm 4

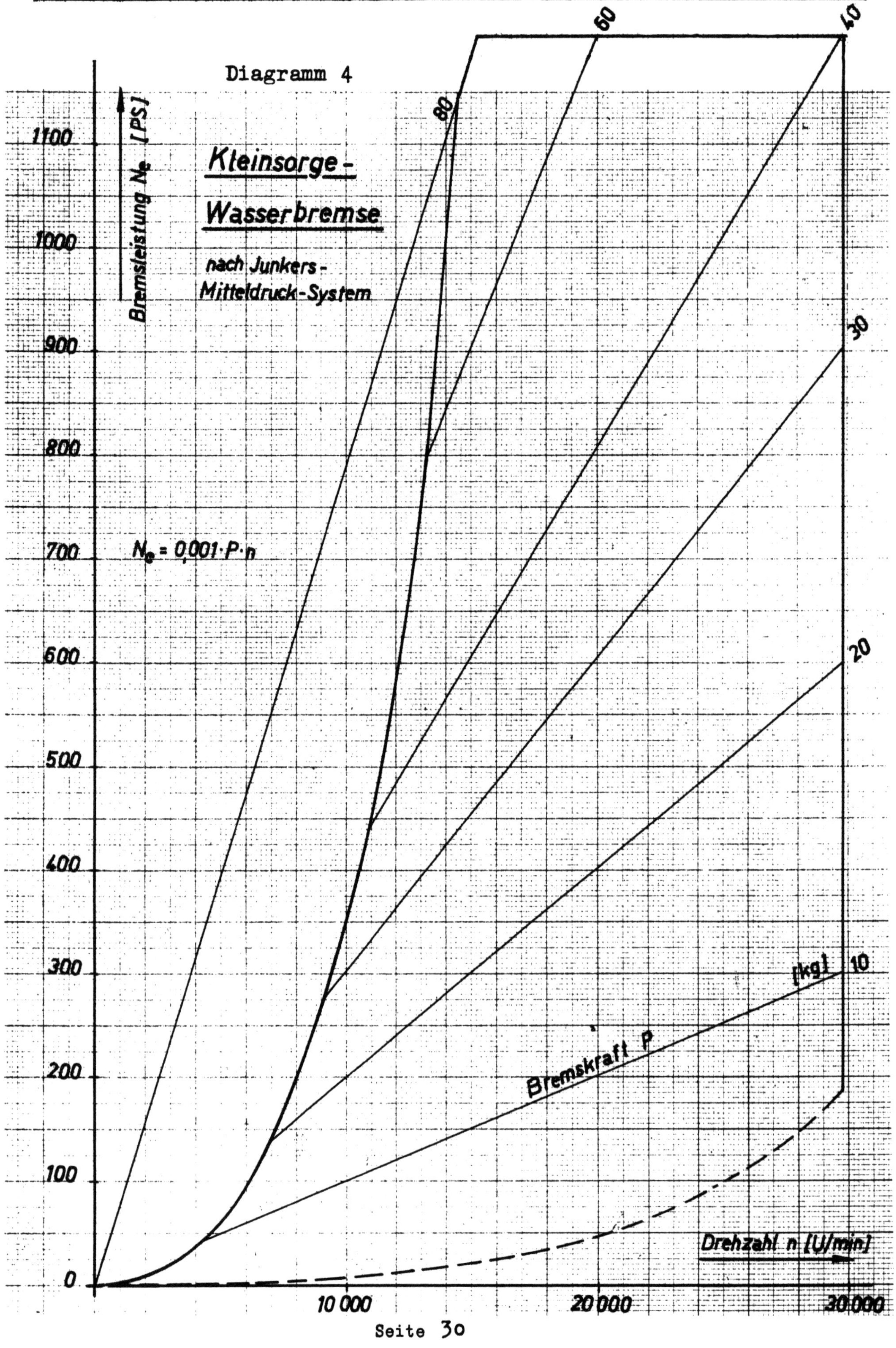
Kleinsorge-
Wasserbremse
nach Junkers-
Mitteldruck-System
Bremsleistung N_e [PS]
$N_e = 0{,}001 \cdot P \cdot n$
1100
1000
900
800
700
600
500
400
300
200
100
0
80
60
40
30
20
10
[kg]
Bremskraft P
Drehzahl n [U/min]
10 000
20 000
30 000

Schaltbild 1

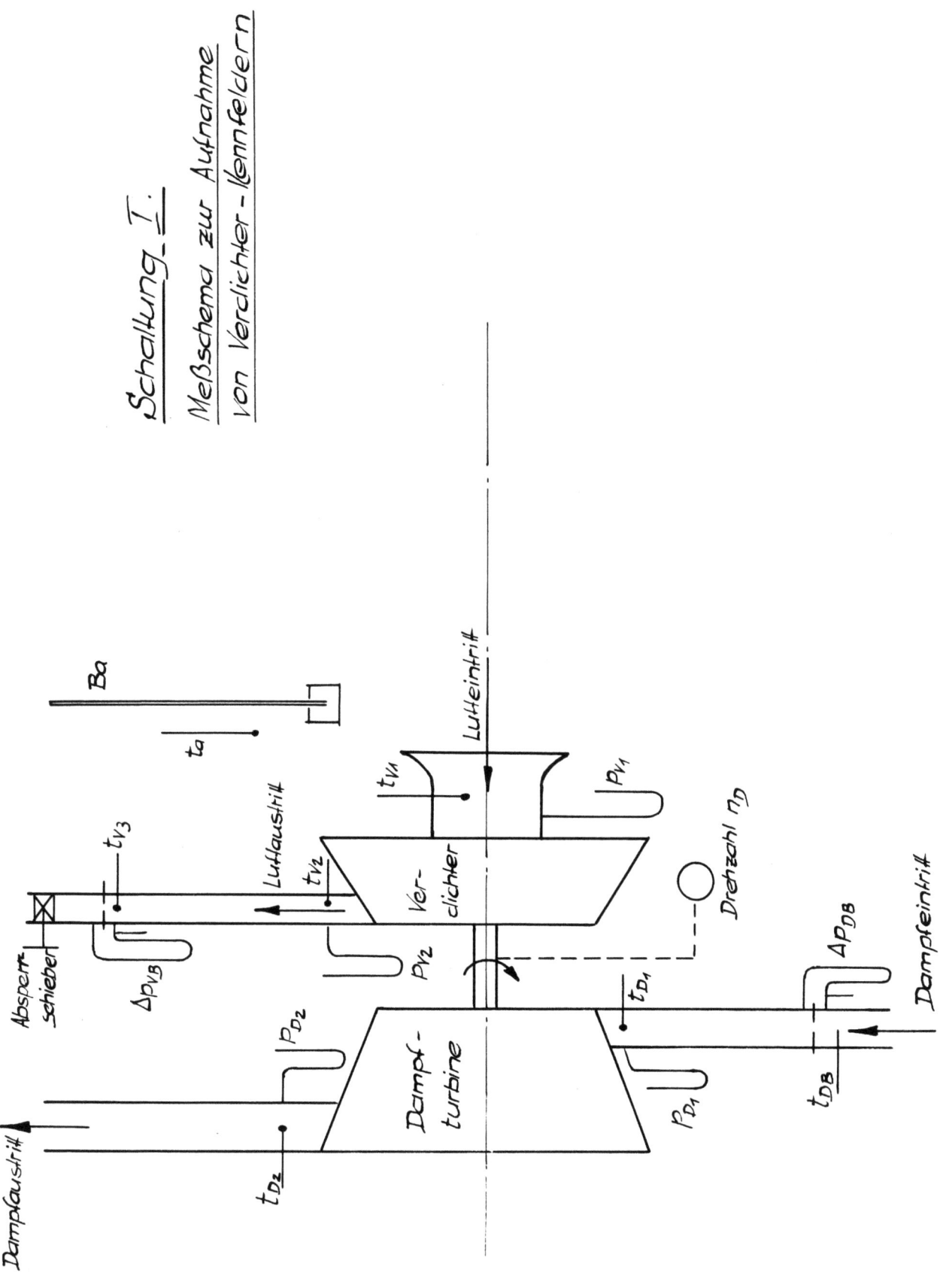

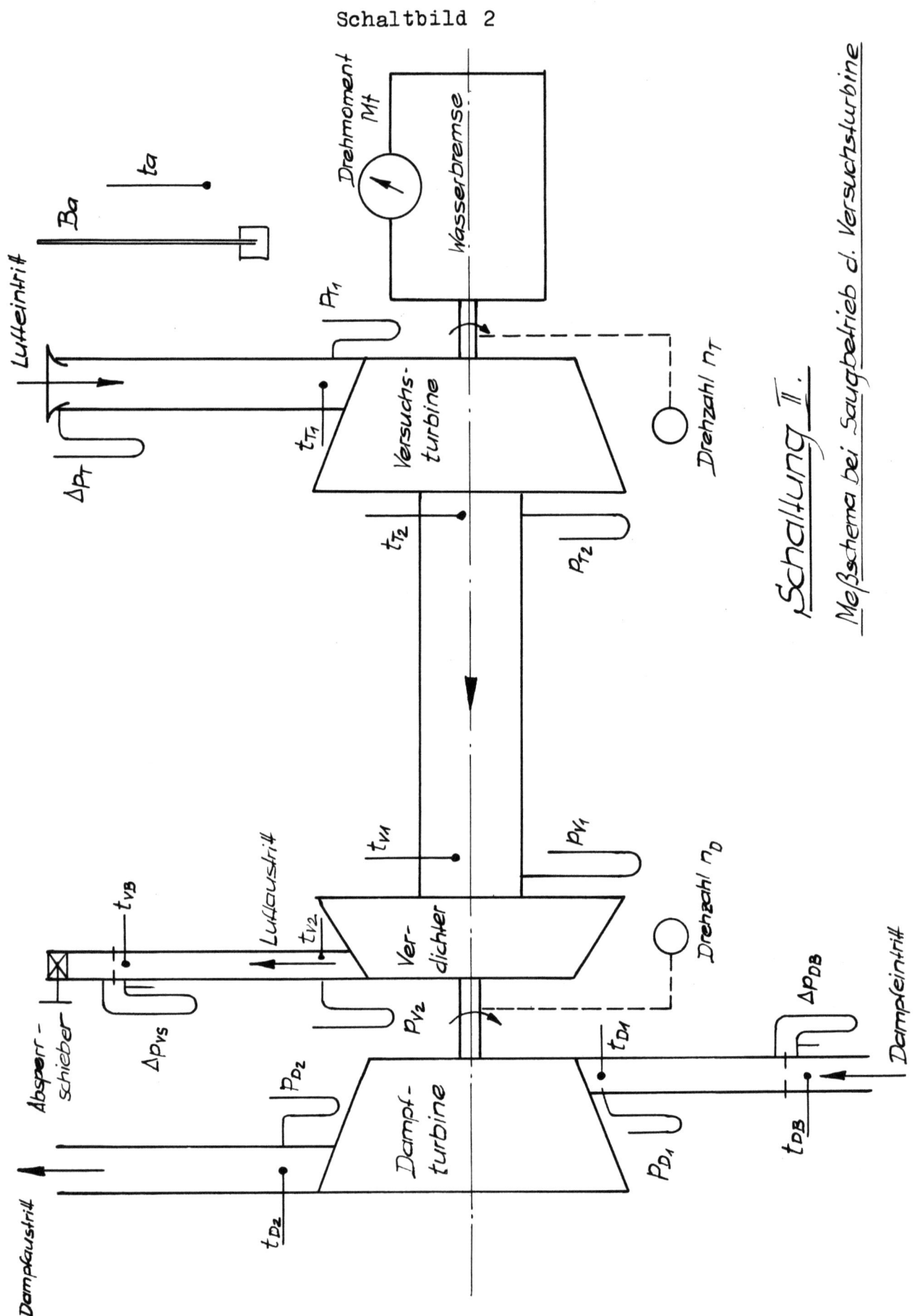

Schaltbild 2

Schaltung II.
Meßschema bei Saugbetrieb d. Versuchsturbine

Schaltbild 3

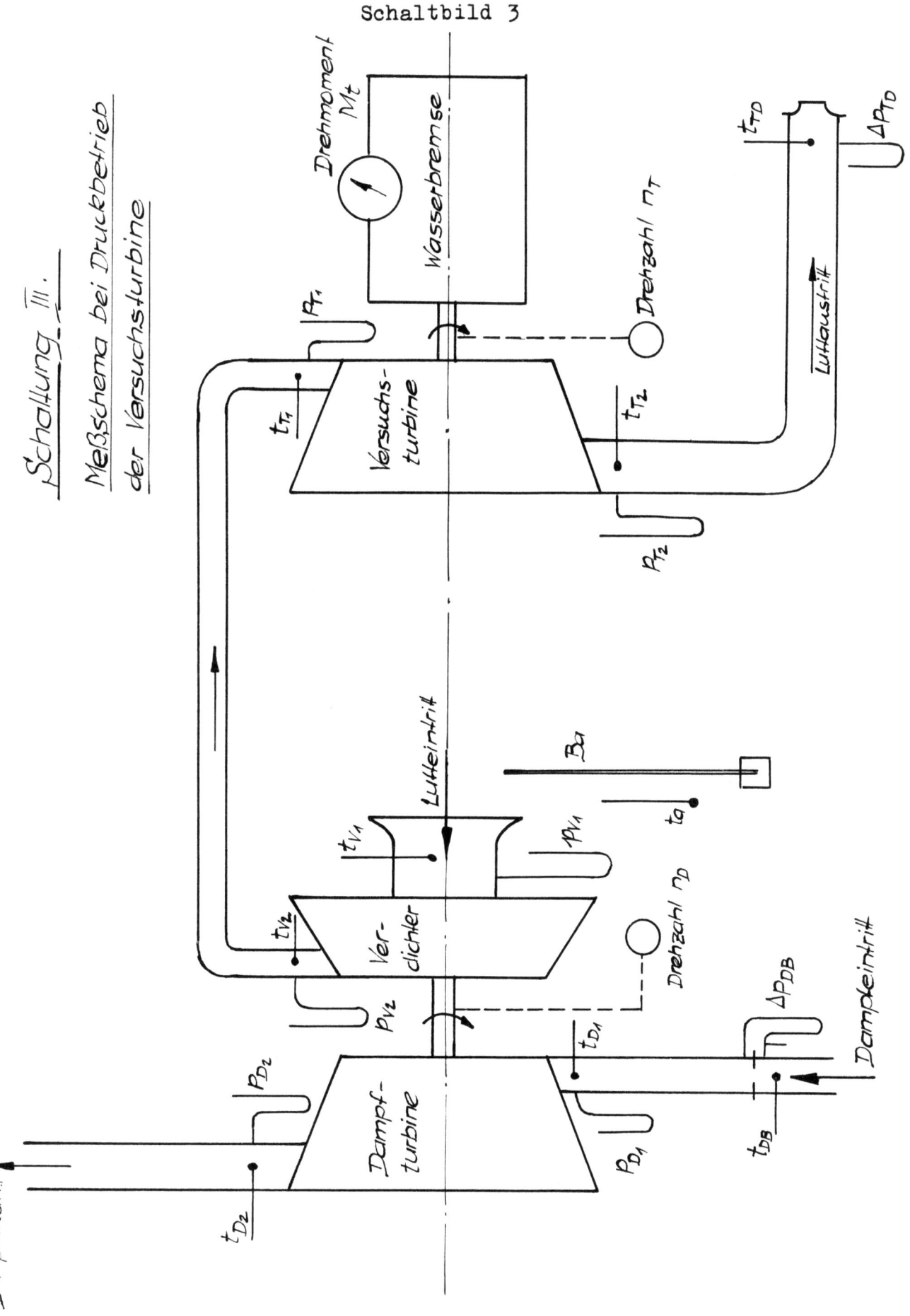

Schaltung III.

Meßschema bei Druckbetrieb der Versuchsturbine

7.) Erläuterungen zu den Schaltbildern

Δp_{DB}	Differenzdruck Dampfblende
t_{DB}	Temperatur vor Dampfblende
p_{D1}	Dampfdruck vor Turbine
t_{D1}	Temperatur vor Turbine
p_{D2}	Dampfdruck hinter Turbine
t_{D2}	Temperatur hinter Turbine
n_D	Drehzahl des Dampfaggregates
p_{V1}	Druck an Verdichtereintritt
t_{V1}	Temperatur an Verdichtereintritt
p_{V2}	Druck an Verdichteraustritt
T_{V2}	Temperatur am Verdichteraustritt
Δp_{VB}	Differenzdruck an Blende hinter Verdichter
t_{VB}	Temperatur vor Blende
B_a	Barometerstand
t_a	Aussentemperatur
Δp_T	Differenzdruck an Einlaufdüse
p_{T1}	Druck vor Versuchsturbine
t_{T1}	Temperatur vor Versuchsturbine
p_{T2}	Druck hinter Versuchsturbine
t_{T2}	Temperatur hinter Versuchsturbine
n_T	Drehzahl der Versuchsturbine mit Wasserbremse
M_t	Drehmoment der Wasserbremse
Δp_{TD}	Differenzdruck an Auslaufdüse
t_{TD}	Temperatur vor Auslaufdüse

Forschungsberichte
des Wirtschafts- und Verkehrsministeriums
Nordrhein-Westfalen

Herausgegeben von Ministerialdirektor Dipl.-Ing. L. Brandt

Bisher sind erschienen :

Heft 1: Prof.Dr.-Ing.habil. Eugen Flegler, Aachen
Untersuchungen oxydischer Ferromagnet-Werkstoffe

Heft 2: Prof.Dr.phil. Walter Fuchs, Aachen
Untersuchungen über absatzfreie Teeröle

Heft 3: Technisch-Wissenschaftliches Büro für die
Bastfaser-Industrie, Bielefeld
Untersuchungsarbeiten zur Verbesserung des Leinenwebstuhls

Heft 4: Prof.Dr. E.A. Müller und Dipl.-Ing. H. Spitzer, Dortmund
Untersuchungen über die Hitzebelastung in Hüttenbetrieben

Heft 5: Dipl.-Ing. Werner Fister, Aachen
Prüfstand der Turbinenuntersuchungen

Heft 6: Prof.Dr.phil. Walter Fuchs, Aachen
Untersuchungen über die Zusammensetzung und Verwendbarkeit von Schwelteerfraktionen

Heft 7: Prof.Dr.phil. Walter Fuchs, Aachen
Untersuchungen über emsländisches Petrolatum

Heft 8: Maria Elisabeth Meffert und Heinz Stratmann
Algen-Grosskulturen im Sommer 1951

Heft 9: Technisch-Wissenschaftliches Büro für die
Bastfaser-Industrie, Bielefeld
Untersuchungen über die zweckmässige Wicklungsart von Leinengarnkreuzspulen unter Berücksichtigung der Anwendung hoher Geschwindigkeiten des Garnes
Vorversuche für Zetteln und Schären von Leinengarnen auf Hochleistungsmaschinen

Heft 1o: Prof.Dr. Wilhelm Vogel, Köln-Nippes
Das "Streifenpaar" als neues System zur mechanischen Vergrösserung kleiner Verschiebungen und seine technischen Anwendungsmöglichkeiten

Springer Fachmedien Wiesbaden GmbH

Veröffentlichungen
der Arbeitsgemeinschaft für Forschung
des Landes Nordrhein-Westfalen

Heft 1:

Prof.Dr.-Ing. Friedrich Seewald, Technische Hochschule Aachen
    Neue Entwicklungen auf dem Gebiete der Antriebsmaschinen

Prof.Dr.-Ing. Friedrich A.F. Schmidt, Technische Hochschule Aachen
    Technischer Stand und Zukunftsaussichten der Verbrennungsmaschinen, insbesondere der Gasturbinen

Dr.-Ing. R. Friedrich, Siemens-Schuckert-Werke A.-G., Mülheimer Werk
    Möglichkeiten und Voraussetzungen der industriellen Verwertung der Gasturbine

        52 Seiten, 15 Abbildungen, kartoniert DM 4.25

Heft 2:

Prof.Dr.-Ing. Wolfgang Rietzler, Universität Bonn
    Probleme der Kernphysik

Prof.Dr.phil. Fritz Micheel, Universität Münster
    Isotope als Forschungsmittel in der Chemie und Biochemie

        4o Seiten, 1o Abbildungen, kartoniert DM 3.2o

Heft 3:

Prof.Dr.med. Emil Lehnartz, Universität Münster
    Der Chemismus der Muskelmaschine

Prof.Dr.med. Gunther Lehmann, Direktor des Max-Planck-Instituts für Arbeitsphysiologie, Dortmund
    Physiologische Forschung als Voraussetzung der Bestgestaltung der menschlichen Arbeit

Prof.Dr. Heinrich Kraut, Max-Planck-Institut für Arbeitsphysiologie, Dortmund
    Ernährung und Leistungsfähigkeit

        6o Seiten, 35 Abbildungen, kartoniert DM 5.--

Heft 4:

Prof.Dr. Franz Wever, Max-Planck-Institut für Eisenforschung, Düsseldorf
   Aufgaben der Eisenforschung
Prof.Dr.-Ing. Hermann Schenck, Technische Hochschule Aachen
   Entwicklungslinien des deutschen Eisenhüttenwesens
Prof.Dr.-Ing. Max Haas, Technische Hochschule Aachen
   Wirtschaftliche Bedeutung der Leichtmetalle und ihre Entwicklungsmöglichkeiten
      60 Seiten, 20 Abbildungen, kartoniert DM 6.--

Heft 5:

Prof.Dr.med. Walter Kikuth, Medizinische Akademie Düsseldorf
   Virusforschung
Prof.Dr. Rolf Daneel, Universität Bonn
   Fortschritte der Krebsforschung
Prof.Dr.med., Dr.phil. W. Schulemann, Universität Bonn
   Wirtschaftliche und organisatorische Gesichtspunkte für die Verbesserung unserer Hochschulforschung
      50 Seiten, 2 Abbildungen, kartoniert DM 4.--

Heft 6:

Prof.Dr. Walter Weizel, Institut für theoretische Physik, Bonn
   Die gegenwärtige Situation der Grundlagenforschung in der Physik
Prof.Dr. Siegfried Strugger, Universität Münster
   Das Duplikantenproblem in der Biologie
Direktor Dr. Fritz Gummert, Ruhrgas A.-G. Essen
   Überlegungen zu den Faktoren Raum und Zeit im biologischen Geschehen und Möglichkeiten einer Nutzanwendung
      64 Seiten, 20 Abbildungen, kartoniert DM 4.--

Heft 7:

Prof.Dr.-Ing. August Götte, Technische Hochschule Aachen
   Steinkohle als Rohstoff und Energiequelle
Prof.Dr.e.h. Karl Ziegler, Max-Planck-Institut für Kohleforschung Mülheim/Ruhr
   Über Arbeiten des Max-Planck-Instituts für Kohleforschung

Heft 8:

Prof.Dr.-Ing. Wilhelm Fucks, Technische Hochschule Aachen
    Die Naturwissenschaften, die Technik und der Mensch

Prof.Dr.sc.pol. Walther Hoffmann, Universität Münster
    Wissenschaftliche und soziologische Probleme des technischen Fortschritts

        84 Seiten, 12 Abbildungen, kartoniert DM 6.5o

Heft 9:

Prof.Dr.-Ing. Franz Bollenrath, Technische Hochschule Aachen
    Zur Entwicklung warmfester Werkstoffe

Dr. Heinrich Kaiser, Staatl.Materialprüfamt Dortmund
    Stand spektralanalytischer Prüfverfahren und Folgerung für deutsche Verhältnisse

Heft 1o:

Prof.Dr. Hans Braun, Universität Bonn
    Möglichkeiten und Grenzen der Resistenzzüchtung

Prof.Dr.-Ing. Karl Heinrich Dencker, Universität Bonn
    Der Weg der Landwirtschaft von der Energieautarkie zur Fremdenenergie

        74 Seiten, 23 Abbildungen, kartoniert DM 6.8o

Heft 11:

Prof.Dr.-Ing. Herwart Opitz, Technische Hochschule Aachen
    Entwicklungslinien der Fertigungstechnik in der Metallbearbeitung

Prof.Dr.-Ing. Karl Krekeler, Technische Hochschule Aachen
    Stand und Aussichten der schweisstechnischen Fertigungsverfahren

Heft 12:

Dr. Hermann Rathert, Mitglied des Vorstandes der Vereinigten Glanzstoff-Fabriken A.-G. Wuppertal-Elberfeld
    Entwicklung auf dem Gebiet der Chemiefaser-Herstellung

Prof.Dr. Wilhelm Weltzien, Direktor der Textilforschungsanstalt Krefeld
    Rohstoff und Veredlung in der Textilwirtschaft

        84 Seiten, 29 Abbildungen, kartoniert DM 7.--

If you have any concerns about our products,
you can contact us on
ProductSafety@springernature.com

In case Publisher is established outside the EU,
the EU authorized representative is:
**Springer Nature Customer Service Center GmbH
Europaplatz 3, 69115 Heidelberg, Germany**

Printed by Libri Plureos GmbH
in Hamburg, Germany